EXPOSITION UNIVERSELLE DE 1867

A PARIS

RAPPORTS DU JURY INTERNATIONAL

PUBLIÉS SOUS LA DIRECTION

DE M. MICHEL CHEVALIER

LÉGUMES ET FRUITS

A L'ÉTAT FRAIS

PAR

M. PÉPIN

PARIS

IMPRIMERIE ET LIBRAIRIE ADMINISTRATIVES DE PAUL DUPONT

45, RUE DE GRENELLE-SAINT-HONORÉ, 45

1867

EXPOSITION UNIVERSELLE DE 1867
A PARIS

RAPPORTS DU JURY INTERNATIONAL

PUBLIÉS SOUS LA DIRECTION

DE M. MICHEL CHEVALIER

FRUITS ET LÉGUMES

A L'ÉTAT FRAIS

PAR

M. PÉPIN

PARIS

IMPRIMERIE ET LIBRAIRIE ADMINISTRATIVES DE PAUL DUPONT

45, RUE DE GRENELLE-SAINT-HONORÉ, 45

—

1867

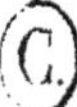

FRUITS ET LÉGUMES

A L'ÉTAT FRAIS

Par M. PÉPIN.

—

CHAPITRE I.

FRANCE.

Depuis vingt ans, et surtout dans ces dernières années, les fruits de toute sorte ont été, sur beaucoup de points de l'Europe, et de la France en particulier, améliorés d'une manière très-sensible, au point que les fruits médiocres ou de peu de valeur ont presque entièrement disparu de nos marchés ; tels sont le petit blanquet ou muscat, la poire à la perle, etc. Ils ont été remplacés par de nouvelles variétés beaucoup plus grosses et de qualité très-supérieure. Il en est de même de certaines variétés de cerises inférieures, qui ont fait place aux cerises anglaises, hatives et tardives, la reine-Hortense, la princesse-Eugénie, etc.

1 *f*

Les fruits à couteau ont de tout temps été recherchés en France pour leur bonne qualité ; mais ce n'est qu'en 1580 que l'on s'est occupé de décrire les meilleures espèces et d'établir l'époque de leur maturité afin de les répandre et de les multiplier dans nos vergers. En 1835 ou 1836, la culture des arbres à fruits a pris un grand développement, et, depuis cette époque, il s'est fait sur plusieurs points de la France de nombreux semis, qui ont produit des variétés très-remarquables. Depuis 1860 et 1862, les marchés de Paris sont abondamment pourvus de fruits de toute sorte, qui arrivent, non-seulement des environs de la capitale, mais aussi en quantités considérables de l'Auvergne, de la Picardie, d'Orléans, Tours, les Andelys, Nantes, Lyon, Saumur, Angers, du midi de la France et de l'Algérie, qui en envoient par wagons et souvent aussi par bateaux. Parmi les fruits de saison, les poires entrent pour une bonne part. En 1852, le chiffre était de 150,223,000 kilogrammes, et, dans ces dernières années, Paris en recevait plus de 200 millions de kilogrammes, dont une grande partie était ensuite dirigée sur Dieppe et le Havre, pour être expédiée en Angleterre et dans le nord de l'Europe.

Voici une statistique, publiée en 1864 dans les bulletins du Comice horticole de Maine-et-Loire, sur l'extension qu'ont prise dans la ville d'Angers et ses environs la culture et la plantation des arbres fruitiers. Les expéditions faites par les pépiniéristes et les marchands de fruits de cette ville ont été relevées sur les registres du chemin de fer; les chiffres offrent par conséquent toutes les garanties d'authenticité.

Du 1er juillet au 31 janvier, il est parti de la gare d'Angers 695,151 kilogrammes de poires. Le maximum de cette expédition a eu lieu pendant le mois d'août, qui présente un total de 313,268 kilogrammes, soit, en moyenne, environ 10,000 kilogrammes par jour. Nous ne parlons ici que des meilleurs fruits de table, tels que les variétés Louise-bonne d'Avranches, duchesse-d'Angoulême, Saint-Germain, beurré-diel, Daremberg, doyenné d'hiver, etc., qui forment le fond de cette industrie comme poires de luxe. Mais il en est un grand nombre, moins belles de forme et, par conséquent, beaucoup moins chères, auxquelles on donne le nom de poires à la pelle, parce qu'elles sont chargées en vrac, à même le wagon, et n'ont besoin pour emballage que d'un peu de paille. Ces fruits sont vendus dans les rues de Paris à des prix accessibles à toutes les bourses; aussi sont-ils très-recherchés de la classe ouvrière et des ménagères qui les font cuire et en préparent ainsi un aliment sain et peu coûteux, qui est à la fois un supplément économique et une diversion agréable à l'alimentation ordinaire. Après le mois d'octobre, pendant lequel il en est expédié 134,698 kilogrammes, les envois diminuent notablement; en novembre, on ne compte plus que 19,148 kilogrammes; en décembre 2,685, et en janvier 150, puis rien en février. Il faut dire que, pendant ces derniers mois, il n'y a plus que des fruits d'hiver, qui sont des fruits de luxe.

On peut donc juger, d'après les innombrables envois de même nature qui se font de tous les points de la France, de la quantité des fruits qui s'expédient sur la capitale et dans les pays étrangers, et l'on remarquera que nous ne citons que les poires; nous ne parlons pas des pommes, raisins, cerises, groseilles et fruits à noyau, dont l'industrie tire un si grand parti pour la distillerie et les conserves. On peut estimer le prix moyen de ces fruits à 30 centimes le kilogramme, ce qui donne une somme de 208,545 francs pour les poires seulement, et si l'on ajoute une somme égale pour celles qui ont été expédiées par les autres gares du département, on obtiendra un chiffre de 417,090 francs.

Dans certaines contrées de la Normandie, l'arboriculture fruitière se pratique d'une manière toute spéciale. Aux Andelys, par exemple, où l'on rencontre de nombreuses petites vallées, dont la couche de terre végétale atteint une assez grande profondeur, les arbres fruitiers se développent avec vigueur; les pommiers et les poiriers à hautes tiges, greffés sur franc, y atteignent de grandes proportions. Il n'est pas rare de voir quelques-uns de ces arbres rapporter de 40 à 80 francs par an. Les poires duchesse-d'Angoulême se vendent en gros par milliers; il en est de même du doyenné gris d'hiver, de la crassanne, du beurré-magnifique, Saint-Germain, catillac, bon-chrétien d'hiver, etc. Il est plusieurs de ces cultivateurs qui vendent pour 8 à 10,000 francs de fruits. Les framboisiers et les groseilliers à grappes produisent encore annuellement, à chacun des cultivateurs, de 600 à 1,000 francs de fruits, qui presque toujours sont achetés pour l'Angleterre. La plaine de l'Ery, la vallée de la Seine, depuis Louviers, Gaillon, le petit et le grand Andelys, sont, comme disait un historien de Gisors, la Touraine normande. En effet, ces localités de la Normandie peuvent être, à juste titre, comparées à la Touraine pour la grande fertilité des vergers et la beauté des fruits que l'on y récolte.

Jusqu'en 1792, les pommiers de reinette grise et les poiriers de bon-chrétien d'hiver étaient cultivés en grand dans ces contrées ; les fruits étaient vendus sur pied à des marchands en gros qui les envoyaient par caisses, bien emballés, aux riches colons de Saint-Domingue. Chaque fruit était mesuré et devait avoir la grosseur indiquée. Il en est encore de même aujourd'hui ; seulement on se sert à cet effet du diacarpomètre, et tous ces beaux fruits sont vendus en partie pour être expédiés en Angleterre, en Suède, en Norwége et même dans l'empire de Russie.

A côté de ces bonnes et anciennes variétés de fruits, on en a introduit quelques nouvelles dont le débouché est également assuré. Ce sont les poiriers beurré-diel, beurré-rance, beurré d'Aremberg, bon-chrétien d'Espagne, curé, etc. Les variétés de poiriers à fruits à couteau, cultivées spécialement dans ces localités, sont au nombre de seize ; elles sont toutes demandées pour le haut commerce. Les pommiers reinette du Canada, calville blanc, reinettes franche, grise, de Bretagne, etc., sont également cultivés sur une grande échelle et ont la même destination.

Comme nous le disions plus haut, les poires gros et petit muscat, à la perle, etc., disparaissent depuis quelques années : on ne les trouve plus que très-rarement sur nos marchés. Elles sont remplacées avec avantage par la poire William, variété excellente très-multipliée aujourd'hui en Anjou, et par les poires de Madeleine, de coq, épargne, etc.

Les raisins de toute sorte sont très-appréciés en France. Nous recevons, dès les premiers jours de juillet, des raisins de table provenant de l'Algérie, de l'Espagne et du midi de la France : ce sont les raisins chasselas et de malaga qui se vendent à Paris, à cette époque, 2 à 3 francs le kilogramme. On est arrivé, par les procédés de conservation, la culture forcée et la précocité due aux climats plus chauds de certaines contrées, à en avoir constamment de frais pendant toute l'année.

MM. Lavielle et d'Imbert, propriétaires dans le département de Lot-et-Garonne, ont établi sur la côte, au midi de la vallée de la Gàronne, des plantations de vignes chasselas blanc disposées en treilles basses de 1^{m}50 de haut, qui rapportent de 4 à 5,000 francs l'hectare. Ces raisins se vendent de **23** à **25** francs le quintal. Il est à remarquer que les raisins blancs résistent mieux au soleil que les raisins noirs et rouges, ces derniers étant souvent brûlés par le rayonnement.

La culture des fraises et des framboises a fait aussi de grands progrès par l'amélioration des variétés obtenues de semis. La grande production de ces fruits permet de les vendre, en pleine saison, de 40 à 50 centimes le kilogramme. La culture des groseilliers épineux dits à maquereau et des groseilliers cassis s'est également améliorée. L'emploi considérable de ces fruits par les confiseurs et les distillateurs a fait que la culture de ces arbustes s'est étendue dans plusieurs de nos départements. Il en est expédié aussi de très-grandes quantités en Angleterre.

Les pêches cultivées dans les jardins des environs de Paris

sont très-recherchées pour la finesse de leur chair et pour leur parfum. Les communes de Montreuil, Bagnolet, Charonne et Vincennes en fournissent non-seulement la capitale, mais aussi l'Angleterre et quelques contrées du nord de l'Europe. Elles sont employées par les confiseurs pour en faire d'excellentes conserves. Les pêchers du Midi apportent déjà leur contingent; mais lorsqu'on aura fixé quelques bonnes variétés autres que les pêches-pavie, et les avant-pêches jaunes, dont la chair a l'inconvénient de tenir au noyau, le commerce en sera plus considérable.

Parmi les arbres à fruits à noyau, le prunier Questche et le merisier sont très-recherchés en France et dans plusieurs parties des États de l'est et du nord de l'Europe pour pruneaux et distilleries. Dans le midi de la France, le prunier d'Ente (dit prune d'Agen) est cultivé en grand, et ses fruits sont transformés en de magnifiques pruneaux, qui sont envoyés à Agen, l'entrepôt et le centre du commerce de ces produits, qui donnent lieu à des transactions s'élevant chaque année à plusieurs millions de francs.

Pour nous résumer, nous dirons que l'arboriculture fruitière française jouit en Europe d'une réputation incontestée, qu'elle doit, du reste, aux diverses expositions du sol et au climat tempéré de la France, conditions éminemment propices à la culture des arbres fruitiers. En Belgique, la pomologie joue aussi un grand rôle : les meilleurs fruits se substituent aux mauvais. La Hollande et une partie de l'Allemagne se tiennent au courant des bonnes espèces et de celles surtout qui sont de conserve. C'est un grand progrès dont les fermiers et les habitants des campagnes ne manqueront pas de tirer un parti très-avantageux.

Algérie. — Nos colons de l'Algérie se tiennent à la hauteur de leur mission; on peut constater, à chacune de nos grandes Expositions, les progrès très-sensibles de leurs cultures, par la variété et le nombre des fruits et légumes qui sont exposés.

Le nombre des planteurs européens était, en 1865, de 728, et les fruits exportés s'élevaient à 9,932,700. Les planteurs indigènes sont plus nombreux : on en compte 2,368 exportant 4,352,880 fruits.

La province d'Alger cultive beaucoup plus d'orangers que les autres provinces : Blidah est le principal centre de cette production. 200 hectares sont cultivés en orangers autour de la ville. On a pu voir, pendant plusieurs mois, les magnifiques oranges de toute sorte ainsi que les limons provenant de cette contrée, et les raisins frais de la même localité envoyés à l'Exposition dans la première quinzaine de juillet.

Parmi les arbres fruitiers, nous citerons les diverses variétés de fruits de bananier, néflier du Japon, goyavier, avocatier, cherimolia, arbres exotiques introduits dans ces dernières années et dont les fruits s'expédient déjà sur les marchés de Paris. La culture des raisins de table est aussi en progrès ; les variétés sont bien choisies. C'est une branche assez importante qui devra produire d'excellents résultats. Les fruits indigènes jouissent aussi d'un certain mérite commercial : tels sont l'arbousier, le jujubier, l'azerole, le caroubier, le pistachier, le figuier de Barbarie, etc.

Les fruits cultivés en France et introduits en Algérie y mûrissent deux mois plus tôt sans avoir recours à la chaleur artificielle. Ce sont les abricots, les amandes, les cerises, les figues, les pêches, les raisins, etc., ce qui permet aux colons de les envoyer comme primeurs sur nos marchés où ils trouvent des débouchés très-avantageux. Les arbres fruitiers à feuilles caduques sont cultivés dans les proportions suivantes :

Province d'Alger	722,938
— d'Oran	512,370
— de Constantine	732,937

Il en est de même des légumes qui se consomment à l'état frais ; ainsi depuis le mois de décembre on y récolte les petits pois, les haricots verts, artichauds, pommes de terre, patates, les différentes variétés d'ignames, etc., qui, pendant trois mois, sont expédiés à Paris et dans plusieurs villes de France, en Angleterre, etc.

Les dattes, qui sont la base de la nourriture des peuplades du Sahara, tiennent aussi une certaine place dans le commerce d'exportation. La région des Zibans, au sud de la province de Constantine, est le point où la culture du dattier est pratiquée avec soin et où ses produits acquièrent de grandes qualités. Cette région compte dix-neuf oasis, dont Biskra est la principale, puis Lagouat, dans la province d'Alger, qui est un autre centre de la culture du même arbre. Le dattier a produit, comme la plupart de nos arbres fruitiers, un très-grand nombre de variétés obtenues de semis. Dans une collection venant des pépinières de Biskra, on en compte cent trente-sept, toutes distinctes par la forme et la grosseur des fruits; dans les Zibans, quatre-vingt-dix variétés. La maturité des dattes, suivant les espèces, a lieu du 15 août au 15 octobre.

La nomenclature de toutes les variétés de dattes qui existent dans les oasis du sud de l'Algérie n'a pas encore été établie d'une manière complète; mais on possède l'indication de toutes celles qui se rencontrent dans les principaux centres de production, notamment aux environs de Biskra, province de Constantine.

Biskra est pour les dattes ce que Blidah est pour les oranges. C'est dans un rayon de 25 à 30 lieues autour de cette oasis que l'on récolte les meilleures dattes de la colonie, lesquelles rivalisent avec ce qu'il y a de mieux dans ce genre, soit en Tunisie, soit au Maroc.

On ne compte pas moins de cent cinquante variétés de dattes aux environs de Biskra; elles se divisent en deux sortes très-distinctes, les dattes dures et les dattes molles, les unes et les autres très-estimées suivant l'usage auquel elles sont destinées. Les dattes dures (genre Jabès) sont toutefois plus recherchées que les dattes molles (genre el fakhir), qui se vendent ordinairement réunies en gros pains pressés de 60 à 80 kilogrammes.

Les dattes de qualité tout à fait supérieure sont :

1° La Deguela nour (la datte de la lumière), qui a une transparence et une finesse hors ligne ;

2° La M'kentechi Degla (la mère de Kentech), qui se conserve bien et est presque aussi sucrée que la précédente ;

3° La Deguela el Beïda (datte blanche), bonne qualité, longue, grosse et sucrée, avec laquelle on fait d'excellentes confitures ;

4° El Herra (la pure), de qualité supérieure, une des meilleures du pays ;

5° El Haloua (la sucrée), bonne variété ;

6° El Hachaïa (la datte entassée), bonne qualité, estimée, s'emploie en droguerie.

Le prix des dattes est en moyenne de 5 francs le double décalitre pour les qualités supérieures ; il suit d'ailleurs celui du blé ; les qualités ordinaires se vendent de 2 à 4 francs et même moins cher.

Le palmier se multiplie par drageons que l'on détache des palmiers femelles au printemps. Ce moyen de multiplication est toujours employé pour conserver les bonnes espèces.

Les semis donnant plus de mâles que de femelles et produisant toujours de mauvaises dattes, on a complétement renoncé à ce mode de reproduction. On ne conserve de palmiers mâles que le nombre strictement nécessaire pour la fécondation.

M. Thélou est le premier, parmi les Européens, qui ait introduit, dans les régions algériennes du Sahara, la manière de confire usitée dans les autres pays. Chaque année, il se rend dans ce but en Algérie et il en rapporte d'énormes quantités de dattes, qui sont actuellement presque les seules que le commerce français livre à la consommation. Elles sont certainement aussi bonnes, sinon meilleures, que celles de Tunis et du Maroc.

En général, les produits végétaux qui ont figuré à cette exposition étaient en tous points très-remarquables.

CHAPITRE II.

PAYS ÉTRANGERS.

Angleterre. — La culture maraîchère de Londres et des diverses provinces de la Grande-Bretagne est très-avancée. Outre les légumes ordinaires, deux plantes y sont très-répandues : c'est la rhubarbe (rheum) et les diverses variétés de concombres. Ces derniers sont très-recherchés sur les tables et sont cultivés en serre ou sous châssis, afin d'en avoir dans presque tous les mois de l'année. Le climat de l'Angleterre n'est pas favorable à la culture des arbres fruitiers. A l'exception des pommiers et des poiriers, la plupart des autres espèces sont plantées dans des serres, où, grâce au savoir et à l'habileté bien connus des horticulteurs anglais, ils produisent de beaux et excellents fruits. Les pêchers et généralement les fruits à noyau y sont remarquables.

Les raisins de table sont cultivés également en serre, au nombre de vingt-cinq à trente variétés, mais il n'en est guère que cinq ou six qui soient spécialement destinées au commerce ; ce sont les Blackhambourg, Frankental, Chasselas, Muscat, Alicante noir, Tokai, etc.

Il n'est pas rare de voir dans l'intérieur des serres des grappes de quelques-unes de ces variétés et notamment du Blackhambourg, peser 4 kilogrammes et mesurer 0,30 centimètres de longueur sur 0,20 centimètres de diamètre. C'est surtout aux environs de Londres, Liverpool et autres villes d'Angleterre que la culture forcée des fruits et des légumes se fait en grand avec beaucoup de succès. La culture du groseillier épineux, dit à maquereau, y est aussi très-appréciée.

Pendant les premiers mois de l'année, on cultive en serre

ou sous châssis les asperges et plusieurs espèces de légumes, dont les premières feuilles, enlevées toutes jeunes avec leurs tiges et racines, sont mises en bottes et envoyées au marché. Ce sont les choux-laitue, chicorée, cresson, cerfeuil. oseille, etc., qui servent à confectionner les potages. En somme, ce sont des légumes verts dont la culture se fait également et avec succès dans les Pays-Bas.

En général, la culture des fruits forcés en Angleterre est une des branches les plus remarquables de l'horticulture de ce pays.

Russie. — Le climat de la Russie n'est pas partout favorable à la culture des fruits ; cependant il est des provinces, comme Odessa, où la vigne et l'olivier prospèrent.

Dans cet empire, on trouve cultivée depuis bien des années une ancienne espèce de pomme blanche et transparente, nommée *pomme d'Archangel*. On y rencontre aussi à l'état spontané le *pommier de Sibérie* (Malus baccata), le *cornouiller* (Cornus mas), la *caneberge* (Vaccinium vitis idea), le *noisetier* à gros fruit, l'*épine-vinette* (Berberis vulgaris). Tous ces fruits, presque à l'état sauvage, sont récoltés avec soin.

Mais la Russie reçoit de la Tauride, dont le climat est plus tempéré, un assez grand nombre de bons fruits, parmi lesquels sont les diverses variétés de prunier, noyer, amandier, etc. La presque totalité des fruits du nord sont séchés au four ou préparés comme conserves.

En Russie, comme dans.tous les pays du Nord, les grands seigneurs ont d'immenses serres, où les arbres fruitiers de toute sorte sont cultivés pour primeurs. Il en est de même des légumes, et nous signalerons une variété de melons très-bonne et très-productive, que l'on nomme melon d'Archangel ; elle est à chair rouge et à côtes, et ressemble à notre melon prescot.

Les légumes sont les mêmes que ceux cultivés dans nos potagers : les diverses variétés d'oignons, l'ail, l'échalotte, les carottes, les variétés de navets et les asperges, les choux, dont une espèce a été importée en France sous le nom de chou de Finlande. C'est une variété de chou-pain-de-sucre très-bon et surtout précoce. Nous citerons aussi le navet de Finlande d'un gris doré, très-fin, tendre et sucré.

Nous avons remarqué dans les lots de légumes exposés deux espèces d'agaric, petit champignon qui croît spontanément dans les bois. On le mange frais ou on le fait sécher pour l'hiver.

Le chou rouge y est cultivé en grand, comme dans les États du Nord et on en fait une grande consommation.

On cultive en Finlande beaucoup de légumes, que l'on dit de très-bonne qualité. Ces légumes sont envoyés en partie dans les grandes villes de l'empire et particulièrement à Saint-Pétersbourg.

Autriche. — Les diverses provinces de l'Autriche produisent, suivant la position géographique de chacune d'elles, de très-beaux et excellents fruits. Les vergers et les jardins sont plantés d'arbres de toute sorte, surtout en Moravie, dans l'Autriche supérieure, la Bohême et la Styrie.

Ces provinces produisent en moyenne annuelle 661,250,000 kilogrammes de fruits et légumes pour le commerce.

Légumes frais importés............	9,512,050	kilogrammes.
Fruits frais......................	2,287,550	—
Légumes exportés.................	11,071,450	—
Fruits frais	11,383,000	—

Les pommes de terre tiennent une très-grande place dans la culture ; le rendement est de 73,493,730 hectolitres.

Navets et betteraves............	18,220,605	kilogrammes.
Betteraves à sucre..............	925,000,000	—
Choux de diverses variétés......	2,983,300,000	—
Légumes farineux, pois, haricots, fèves, etc....................	784,000,000	—

La plupart des cultures de pommes de terre se font en Gallicie ; les choux sont cultivés surtout en Hongrie, et les navets en Bohême et en Hongrie. Tous les légumes y sont de bonne qualité.

Parmi les bons fruits de toute sorte que produisent l'Autriche et le royaume de Hongrie, il faut citer plusieurs variétés de raisins, c'est-à-dire les raisins de table et les raisins propres aux vignobles, dont on tire un grand produit.

L'industrie tire aussi un très-grand parti des fruits, soit pour en faire des liqueurs, soit en les faisant sécher.

En Slavonie, un propriétaire, M. le comte Eltz Veckovar, a préparé depuis 1860 un terrain de 50 hectares sur lequel il a planté des figuiers. Cette culture commence à donner de bons produits, et l'année dernière on en a déjà exporté plusieurs centaines de quintaux.

Prusse. — Les produits de la Prusse se distinguent par la culture des fruits dans la Province Rhénane, la vallée du Rhin et de la Moselle et la plaine du Rhin inférieur ; dans la province de Saxe, les vallées de la Saale et l'Unstrut ; en Brandebourg, les contrées de Potsdam, Werder, Guben, Zullichau et quelques parties des provinces de Prusse, la Poméranie et la Silésie.

Avant l'annexion, elle cultivait en jardins 183,055 hectares.

On remarquait, dans les collections des États de l'Allemagne, de magnifiques produits en légumes et un grand nombre de variétés de pommes de terre conservées dans l'eau salée. Ce moyen de conservation a pour but d'empêcher les tubercules de germer. L'exportation en Suède et en Russie se fait par la voie de Stettin et de Dantzig, mais l'importation des pays plus méridionaux, surtout de la Thuringe et de la Bohême, est beaucoup plus considérable. Le royaume de Saxe et les autres pays du centre de l'Allemagne font presque partout la culture des légumes et des fruits.

Dans le Wurtemberg, on cultive en grand les pommes de

terre, les petits pois, les choux-fleurs et autres légumes, excepté les lentilles.

Dans tous les lots d'exposants des États de l'Allemagne du Nord, on voyait un grand nombre de fruits séchés au four, tels que pommes, poires, pruneaux, etc.

Danemark. — Les poires et les pommes sont cultivées avec beaucoup de succès dans les îles de Laaland, Falster, Moen, Langeland, dans le Seeland méridional et dans l'île de Fuhmen. Les gros légumes, tels que pois, asperges, tomates, artichauts, melons, etc., y sont abondants et bien cultivés. Les pêchers y réussissent très-bien.

Grand-duché de Hesse. — D'après le relevé des arbres fruitiers qui sont plantés dans les jardins, vergers et sur tout le territoire, le nombre par espèce se répartirait ainsi qu'il suit :

Pommiers	1,409,108
Poiriers	584,429
Abricotiers et pêchers	24,192
Pruniers	3,000,809
Cerisiers	299,601
Noyers	207,544
Total	5,525,683

Norwége.—Les légumes rustiques, les choux, et notamment le chou rouge que l'on fait confire au vinaigre ; l'ail, l'oignon, les choux-raves, les cornichons, etc., y sont cultivés. Les arbres fruitiers n'y réussissent qu'imparfaitement.

Bavière. — Les légumes sont généralement bien cultivés en Bavière. La surface des terrains employés seulement pour la culture de la pomme de terre est de 263,530 hectares. Le rendement moyen est de 24,134,278 hectolitres. La moyenne en hectolitres serait de 89.34.

Dans le Palatinat et à Frankenthal, les pommes de terre sont en première ligne, et l'on pourrait dire qu'elles en forment

presque la culture spéciale ; aussi s'en fait-il une grande exportation.

Belgique. — La culture des arbres fruitiers en Belgique est
fort étendue. Le gouvernement a fait établir des écoles et des
pépinières de ces arbres dans le but de répandre les bons
procédés de culture et les bonnes qualités de fruits dans toutes les communes du royaume.

Nous devons à la Belgique un assez grand nombre de bons
fruits, surtout dans le genre poirier. On y fait depuis longtemps
déjà des semis considérables, et c'est dans ces semis que l'on a
trouvé de très-bonnes poires et principalement des espèces
tardives qui figurent aujourd'hui avec avantage sur nos tables.
Les pommiers y sont également cultivés avec succès, mais il
est d'autres arbres qui ne peuvent prospérer sous ce climat ;
aussi y voit-on avec beaucoup d'intérêt la culture dans les
serres de quelques bonnes variétés de la vigne, du figuier et
d'un grand nombre d'autres plantes économiques. Ces cultures,
dites de primeurs, sont parfaitement dirigées.

Les asperges, les jeunes pousses de houblon, les choux de
diverses variétés, puis les choux de Bruxelles et le chou rouge,
dont on fait une grande consommation, sont cultivés en grand
et abondent dans la saison sur tous les marchés.

Il se fait en Belgique un grand commerce de fruits et légumes à l'état frais ou conservés par divers procédés.

Suisse. — La plupart des spécimens qui figuraient à l'Exposition se composaient de graines farineuses et surtout de
fruits et racines conservés au vinaigre. Les fruits séchés
étaient nombreux, et l'on sait que les poires et les pommes
sèches forment la base d'une assez grande industrie en Suisse,
dont les fruits sont recherchés, après la préparation qu'on leur
a fait subir.

Espagne. — Les fruits cultivés en Espagne sont très-variés et
très-abondants. Comme en Algérie, on cultive dans le royaume

de Valence le bananier, le dattier, les orangers et citronniers, le figuier de Barbarie (Opuntia), etc. Dans les autres provinces ce sont les raisins, figues, olives, amandes, grenades, azeroles, abricots, pommes, poires, etc., suivant le climat et l'altitude. Un grand nombre d'entre eux sont arrosés par irrigation.

On trouve dans la dernière statistique que les raisins frais de table ont produit 1,887,383 kilogrammes, dont 176,935 kilogrammes ont été exportés en Algérie; 114,490 en France, 566,663 en Angleterre.

Le 12 juillet nous recevions de don Miguel Cueto, de Malaga, de magnifiques raisins blanc et muscat récoltés fin de juin et qui ont figuré avec avantage à l'Exposition. Ces raisins envoyés à Paris se vendaient de 2 francs à 2 fr. 25 le kilogramme.

Les raisins font la base d'une branche de commerce importante, et d'après les procédés de conservation que l'on possède et les facilités de transport, on peut aujourd'hui manger des raisins frais toute l'année.

Le nombre d'hectares de vignes irriguées est de   43,433,18.

Celui des vignes non irriguées est de...........1,333,402,41.

Les plantes alimentaires et potagères y sont choisies et de bonne qualité. Les patates roses de Malaga (*Batatas edulis*) produisent un tubercule très-féculent et nutritif. On en récolte 69,584 kilogrammes. Les diverses variétés de melons et melons d'eau (pastèques) se montent à 258,671.

L'ail (*Allium sativum*), dont on fait ainsi que de l'oignon une très-grande consommation, produit à lui seul 65,592 kilogrammes et l'oignon 361,415.

La culture des pommes de terre donne un rendement de 471,294 kilogrammes.

Les tomates, dont on fait un grand usage dans le Midi, se comptent par 8,807.

Les autres légumes verts de différentes sortes représentent un poids de 285,205 kilogrammes.

L'ail dit de Murcie (*Allium ampeloprasum*) est une espèce particulière qui est très-grosse; elle a l'odeur moins forte que l'ail ordinaire (*Allium sativum*), mais elle est beaucoup moins répandue.

Beaucoup de ces produits sont exportés en Angleterre, en France et en Algérie.

Les dattes cultivées en Espagne produisent, en moyenne, 30,739 kilogrammes. Il en est importé du Maroc environ 9,259 kilogrammes, dont 9,085 arrivent par la voie de Gibraltar. Cette importation seule se monte à la somme de 60,145 francs. Il s'en exporte ensuite en France, en Angleterre, etc.

La récolte des abricots est d'environ		36,386 kilogrammes.	
—	des azeroles	—	101,660	—
—	des grenades	—	55,338	—
—	des prunes	—	72,080	—
—	des pommes	—	121,058	—
—	des poires	—	84,870	—

Une partie de ces fruits est exportée en Algérie, sur les frontières de France et en Angleterre.

Parmi les fruits, nous avons remarqué de très-grosses amandes, très-douces et de bonne qualité, notamment l'amande Jordan et la prune ronde de Longroño, que nous nommons en France, Reine-Claude violette, avec lesquelles on fait d'excellents pruneaux ; les châtaigniers communs et à gros fruits (marrons) et les glands doux du chêne vert (*Quercus ilex*), qui sont recherchés comme fruits alimentaires.

Les provinces de l'Espagne où l'on cultive le plus en grand les figues sont : les îles Baléares, Alicante, Castellon, Saragosse, Almeria, Huelva, Malaga et Cadix.

La production moyenne est de 1,126,500,000 kilogrammes, partagée ainsi :

Pour les Baléares	2,140.000 kilogrammes.
— Alicante	300,000 —
— Castellon	1,122,492,000 —
— Saragosse	60,000 —

Pour	Almeria	759.000	kilogrammes.
—	Huelva	625,000	—
—	Malaga	100.000	—
—	Cadix	24,000	—

La production dans la plupart de ces provinces augmente considérablement.

Exportation en 1864 de figues sèches. 520,918 kilogrammes, dont 178,666 pour l'Angleterre et 52,727 pour la France.

Comme on le voit par ces chiffres, la consommation intérieure absorbe la plus grande partie de la production. Il faut aussi remarquer que dans certaines provinces, comme dans les Baléares, par exemple, on emploie une grande quantité de figues pour engraisser les porcs.

Le prix des figues fraîches est, en moyenne pour toute l'Espagne, de 10 à 20 centimes le kilogramme, selon les qualités et la provenance.

Portugal. — La position géographique du Portugal permet de cultiver un assez grand nombre d'arbres fruitiers exotiques. Les orangers surtout y dominent. Les oliviers, les amandes, les noix, le caroubier, la figue de Barbarie, les diverses variétés de figues et les raisins forment une branche assez importante du commerce.

Les légumes farineux, tels que les haricots, pois, fèves, dolics, pois chiches, lentilles, etc., sans compter l'ail, l'oignon de Malte, les plantes tuberculeuses et la patate rose en particulier, y sont de bonne qualité.

Les colonies portugaises sont très-riches en végétaux exotiques : le cocotier, le dattier, la noix d'acajou, la canne à sucre, et surtout le cacao, dont la culture est très-étendue et qui tient une grande place dans l'économie domestique.

Les ignames, les dolics et plusieurs espèces de haricots des Antilles à très-longues gousses, croissent et mûrissent parfaitement sous ces climats.

Le figuier se cultive sur une grande échelle dans les Algarves, où la consommation de ses fruits est générale. L'exportation peut être évaluée à 5 millions de kilogrammes, représentant une valeur d'un million de francs. Elle se fait principalement pour l'Angleterre, le Brésil, Hambourg et la Belgique.

Italie. — Les fruits en Italie sont très-nombreux et variés; la nature des différents sols, la position géographique et la température sont autant d'éléments favorables à leur production. Ainsi les *raisins, figues, olives, oranges, cédrats ;* les *pruniers, pistachiers, caroubiers,* les *noisetiers* et les *amandiers* forment une des principales branches du commerce d'exportation et sont une source de richesse pour les localités où ces cultures prospèrent.

On y cultive aussi le *néflier*, les variétés de *noyers* à gros fruits ainsi que les châtaigniers dont les fruits sont très-remarquables et qui méritent d'être plus répandus dans les localités où cet arbre se développe avec vigueur. Les graines du pin pignon (*Pinus pinea*) sont employées aussi dans la préparation des viandes et des gâteaux.

On trouve dans quelques parties de l'Italie la truffe blanche, dite du Piémont, qui est de qualité médiocre, mais qui cependant a cours dans le commerce et ne laisse pas que de donner un certain résultat commercial.

Les truffes noires se trouvent en Lombardie, mais en petite quantité. Ces tubercules sont également exploités, mais ils n'ont pas l'arome et la qualité des truffes de France, que l'on trouve dans le Périgord et dans quelques autres localités.

Le *câprier* est un petit arbuste sauvage, qui croît spontanément dans les fentes des murs et des rochers et qui, à lui seul, forme une branche de commerce qui n'est pas sans importance. On le cultive aussi dans quelques endroits. C'est, du reste, un produit tout spécial des provinces du Midi.

Les légumes y sont aussi très-abondants; mais il est de certaines espèces dont la culture est plus étendue : ce sont les *melons d'eau* ou pastèques, les diverses variétés de *melons, cornichons, concombres* et beaucoup d'autres cucurbitacées, puis les *piments, tomates, melongènes,* les *pois,* le *lupin,* le *pois chiche,* et un grand nombre de variétés de haricots, sont les légumes qui dominent.

Les fruits aromatiques tels que l'*anis,* le *chervi,* la *coriandre* et le *fenouil* y sont cultivés et très-employés dans les aliments.

En Ligurie et dans l'Italie centrale, on fait sécher les figues avec leur peau, soit à l'air, soit au feu. Les Calabrais ont la mauvaise habitude de les enfiler avec un fil de genêt ou d'osier, et les Toscans de les ouvrir en deux pour y introduire du fenouil et de l'anis.

Ce produit réalise une exploitation annuelle de 36,532 quintaux pour la valeur de 2,922,000 francs.

Smyrne. — Les raisins et les figues forment une des principales branches du commerce de Smyrne pour l'exportation. Ce sont principalement les raisins rouges, noirs et sultanines; ces derniers surtout sont excellents; il en est de même des figues, qui sont parfaitement préparées.

Ces fruits s'expédient en boîtes, caisses et barils. Après en avoir pourvu les marchés de l'Europe et de l'Amérique, on en dirige sur les places de la Turquie. La plus grande partie des raisins rouges et sultanines, dits Yerli, proviennent des districts de Chesmé, Vourla et Carabournou.

Les figues d'Aidin et des environs de Smyrne sont très-recherchées par le commerce pour leur bonne qualité.

On récolte par année et en moyenne 6,900,000 kilogrammes de figues ; les sept huitièmes environ s'exportent en Europe et en Amérique.

Il a été exposé par MM. Guidici, Krikorian et Dedeyan de bonnes et magnifiques figues ainsi qu'un grand nombre de raisins rouges, noirs et sultanines qui ne laissaient rien à désirer sous le rapport de la préparation et de la qualité.

La ville de Smyrne exporte par année plus de 12 millions de kilogrammes de raisin.

Grèce. — Le nombre des figuiers en Grèce, en 1834, était de 50,000 à peu près; aujourd'hui il y en a plus de 360,000, qui occupent une étendue de 18,000 hectares. Leur produit en 1860 montait à 5,905,416 kilogrammes.

L'exportation des trois dernières années est de :

1862, quintaux. . . 107,770 Valeur en francs 1,648,627
1863   —   99,621   —   977,136
1864   —   109,163   —   1.203,927

C'est l'Allemagne et l'Autriche qui font la plus grande consommation des figues de la Grèce.

Les abricotiers, les amandiers, les noyers et surtout les vignes forment aussi une branche importante de la culture de ce pays.

Roumanie. — Les légumes et les fruits cultivés en Europe réussissent sous le climat de la Roumanie. Les plus généralement cultivés par les agriculteurs, tant pour leur usage particulier que pour le commerce, sont: les haricots nains et grimpants, les lentilles, les pois et les fèves; les oignons, l'ail et les poireaux; les citrouilles, les melons, les pastèques et les concombres; les choux, les piments, les radis noirs et blancs.

Le paysan roumain étant très-sobre se nourrit presque exclusivement de légumes et de fruits à l'état vert ou sec, ou conservés par le sel. Il ne mange de la viande qu'aux jours de grandes fêtes et mange en été beaucoup de fruits et de cucurbitacées.

L'usage de la pomme de terre est presque inconnu aux populations rurales; on ne la cultive que pour les habitants des villes ou pour la fabrication de l'eau-de-vie.

La production annuelle des haricots et des lentilles est de

12,816,502 occas (1); celle de la pomme de terre est de 9,247,943.

Les jardins sont exploités par des étrangers (Français, Allemands et surtout Bulgares). Dans les campagnes, les jardiniers cultivent sur une grande échelle les aubergines, les tomates, les cornes grecques, les salades, les carottes, les navets, les betteraves, le céleri, le persil, le fenouil, les pois chiches, qui tous ne servent qu'à l'alimentation de la population. Dans les villes on s'occupe aussi de la culture des artichauts, des asperges, des choux-fleurs, des choux de Bruxelles, etc.

Les jardins potagers et fruitiers occupent dans le territoire de la Roumanie une surface de 300,477 pogènes ou 150,000 hectares environ (2). Il est à remarquer qu'on n'y emploie aucun engrais et que l'arrosage s'y opère au moyen de roues hydrauliques et de rigoles d'irrigation.

Parmi les arbres fruitiers, il faut placer en première ligne le *prunier*, dont la culture se fait principalement en vue de la fabrication de l'eau-de-vie. Les pommiers, poiriers, cerisiers, abricotiers, pêchers et coignassiers sont, après lui, les arbres fruitiers les plus usités. Ils présentent chacun plusieurs variétés. La pêche à chair dure et sanguine, assez rare en Europe, est celle qui réussit le mieux.

Tous ces arbres sont cultivés principalement par les populations qui habitent la région des collines situées entre les monts Carpathes et la vallée du Danube. Dans les villes, on trouve aussi des jardins fruitiers offrant des espèces très-variées. Les grands propriétaires et les principaux couvents ont ordinairement des vergers très-bien fournis.

L'amandier et le figuier réussissent médiocrement à cause de la rigueur des hivers. Le noyer est un des arbres fruitiers les plus répandus en Roumanie, surtout dans les localités les plus accidentées. Son fruit se consomme frais ou sec; dans les

(1) L'occa égale 1ᵏ 288.
(2) Un pogène égale 0ʰ 501,179

districts montagneux (principalement celui de Gorge), on en extrait une huile excellente.

On trouve dans presque tous les taillis le *noisetier* à l'état sauvage; le *merisier* se rencontre dans les bois montagneux, son fruit est employé pour la fabrication des confitures, comme, du reste, presque tous les fruits.

On trouve aussi le poirier et le pommier à l'état sauvage. Les paysans roumains les greffent le plus souvent, considérant cette opération comme un acte de piété. Dans les bois montagneux, on trouve en abondance le framboisier, le mûrier sauvage, le néflier, le cassis, dont on consomme le fruit.

Les groseilliers sont cultivés dans les jardins. Les fruits, tels que prunes, abricots, cerises, poires, pommes et coings sont conservés par différents procédés pour la consommation en hiver. On sèche ou on fume les prunes en très-grandes quantités et on les conserve, soit entières, soit en pâtes compactes dites *pistil*. Quant aux autres fruits, on les fait sécher ou on les conserve dans l'eau-de-vie.

Égypte. — Les cultures de l'Égypte augmentent chaque année, de même que l'agriculture et l'industrie; la culture jardinière y est en progrès : ainsi les plantes légumières de toute sorte et celles de la famille des légumineuses y sont cultivées en assez grand nombre, tels que les pois, haricots, lentilles, fèves, pois chiches, carottes, tomates, radis, aubergines, raves, navets, oignons, etc.

Les tubercules appartenant à plusieurs familles, surtout ceux de la colocase (*Arum colocasia* ou *Caladium esculentum*), sont très-répandus dans la culture de la basse et moyenne Égypte, dans les terrains bas et humides. On fait une grande consommation de sa fécule, surtout pendant les mois d'automne.

Les tubercules de topinambour (*Helianthus tuberosus*, Linn.) se rencontrent aussi très-fréquemment dans la culture d'été de la basse et moyenne Égypte, où ils réussissent très-bien et donnent un bon rendement, tandis que la culture des pommes de terre y est peu répandue.

Les rhizomes ou tiges souterraines du nymphea, qui croît dans le Nil (*Nymphœa cœrulea*, Byarout des Arabes), tubercules gros comme des châtaignes, sont comestibles; ils abondent dans les lacs et les marécages, à la base du Delta et du Fagoum, et ne reçoivent aucune culture.

Les tubercules du *Cyperus esculentus* et *Melanorrhyza* sont comestibles et farineux; ils ont un goût de noisette très-prononcé. On en extrait de l'huile douce, qui est employée à divers usages et notamment à faire des émulsions.

La culture des dattes en Égypte est une des branches importantes d'exploitation. Il y en a un assez grand nombre de variétés, dont les fruits se mangent frais et conservés. Voici les principales dattes le plus employées :

1° Datte à pulpe molle, muco-mielleuse, fermentant facilement, passant à l'acide acétique et d'aucune conservation;

2° A pulpe moins molle, mielleuse, formant pâte pour la conservation, ne fermentant pas avec le temps; on les nomme dattes en pâte;

3° A pulpe sèche saccharine, ne fermentant pas, se desséchant parfaitement au soleil et de longue conservation. Par la fermentation dans l'eau, elles donnent une liqueur vineuse, assez alcoolique et d'un assez bon goût.

Les dattes de la première catégorie proviennent des palmiers-dattiers introduits et cultivés dans la vallée nilotique, sur des terrains bas et humides.

Celles de la seconde catégorie sont originaires des palmiers-dattiers des oasis du désert lybique de l'Égypte et des régions du Sinaï (Arabie Pétrée), de l'Hedjaz (Arabie Déserte), de l'Yemen (Arabie Heureuse), et enfin celles de la troisième catégorie proviennent des dattiers qui croissent sur les bords du Nil, de la basse Nubie, Dongala, Ibvim, Jonkut, Korosko et Assouan. Ces dernières dattes, chargées en grande quantité sur des barques d'Assouan sont expédiées pour le commerce du Caire.

Les dattes de la grande province de Zagazig proviennent des palmiers qui existent sur la lisière du désert, de Belbeyr, Salakirch, etc. Ces dattes, pâteuses, mielleuses, d'un bon goût, de longue conservation et légèrement aromatisées de vanille, sont très-recherchées par le commerce européen. Elles sont mises en vases, boîtes ou barriques.

Les dattiers sont pour les populations qui les possèdent un grand bienfait de la Providence. Les fruits, les tiges, les feuilles et les fibres qui enveloppent le bourgeon terminal, les noyaux, enfin tout ce qui compose le dattier se trouve utilisé par l'homme dans l'alimentation et dans l'industrie.

Le dattier serait, d'après le dire des auteurs, originaire des grandes vallées du pays lybique et des oasis de l'Arabie; il a été introduit plus tard par la voie des oasis de la Lybie dans la vallée qui part des cataractes de Syene, se continuant au nord jusque sous la ville d'Alexandre le Macédonien.

On trouve à l'état spontané et l'on cultive en Égypte un autre palmier, qui a bien aussi son mérite par la quantité et la grosseur des fruits qu'il produit : nous voulons parler du doum (*Crucifera thœbaica*, Delile; *Hyphœne crinita*, Persoon).

Ce palmier a un développement tout particulier : il produit d'abord une tige simple, puis elle se bifurque en une sorte de dicotomie. C'est un caractère qui est très-rare parmi les arbres de cette grande famille.

Le fruit de ce palmier a la forme d'un gros œuf; son enveloppe est subéreuse, sucrée; la saveur est à peu près celle de la caroube que l'on trouve en Espagne, en Algérie et en Sicile. Son noyau, qui est un périsperme corné, est travaillé au tour pour en faire des perles pour chapelets. On tire aussi un très-grand parti de son bois, qui est fibreux et compacte. On le scie en planches très-minces; il se lisse parfaitement et prend un très-beau poli. Sa couleur est celle du noyer avec des taches très-bizarres. Il est employé dans la marqueterie et pourrait être utilisé dans l'ébénisterie, qui en ferait de très-beaux meubles.

Le *Borassus flabellatus*, que l'on trouve dans le Sennaar, est un des plus beaux palmiers connus. Il serait à désirer de le voir plus répandu en Égypte.

Le *Sebesten* (*Cordia mixa*) est un arbre de la famille des borraginées. Ces fruits drupacés, visqueux, servent dans le pays pour préparer la glu pour la chasse aux petits oiseaux. Le bois de ses grosses tiges est très-propre à la construction des bâts et généralement à la sellerie.

Le fruit de l'*Egligh* (*Balanites ægyptiaca*, Delile) a la forme de la datte; il est légèrement douceâtre; les Arabes du désert le mangent. Les noyaux renferment une amande oléifère donnant, par l'expression, une huile douce que les nomades emploient comme cosmétique pour oindre leur chevelure et leur corps. Le bois est dur, très-compacte, les grosses tiges se coupent en planches et servent à faire divers objets; la couleur ressemble à celle du bois de citronnier.

Les fruits des diverses variétés de *bananes* (*Musa paradisiaca*) sont très-abondants dans la basse Égypte; ils sont consommés dans le pays.

Fruit *crème* ou *anone* (*Anona squamosa*), assez commun aux environs du Caire. Ce fruit est bon, mangé frais ou en conserve.

Grenades (*Punica granatum*). Le grenadier est indigène; on le trouve en très-grande quantité dans la basse Égypte, où il croît à l'état sauvage. Ses fruits sont très-recherchés pour boisson. On en fait des conserves et des gelées très-rafraîchissantes.

Les *Orangers* et les *Citronniers* produisent de très-heureux effets dans les localités où ils sont cultivés. La basse Égypte est le pays par excellence pour la prospérité des orangers. Ce sont les variétés mandarines et à fruits rouges qui dominent. Ces arbres doivent être répandus et multipliés près des habitations.

Le melon d'eau ou pastèque (*Citrullus vulgaris*) est très-commun et très-varié en Égypte. De même la pastèque à chair rouge, jaune, citron et blanche glacée. On en fait une très-grande consommation comme dans tous les pays chauds. Sa chair, qui est très-dense, contient une assez grande quantité d'eau légèrement sucrée et toujours fraîche.

On cultive aussi les melons cantalous à chair jaune et blanche, ainsi que plusieurs autres variétés, puis les concombres (citrouilles) qui se développent en plein champ, comme à l'état spontané.

Il est un grand nombre de légumes que l'on conserve par le sel et par le vinaigre, tels que choux ou choucroute, cornichons, pastèques, poivre-long, tomates, carottes, navets, raves, oïgnons, aubergines, etc.

On fait une grande consommation de ces produits dans les villes et notamment dans celles de la basse Égypte.

Tunis. — Parmi les fruits qui se cultivent dans le royaume de Tunis et qui sont d'une grande importance pour le commerce, nous citerons les dattes et les olives.

Les dattiers se cultivent dans toutes les oasis et sur toute la frontière du sud de la Régence. Les principales plantations se trouvent dans les environs des villes de Nafta, Gafza et Gabez. Les dattes de ces contrées sont plus délicates et plus recherchées que celles du nord de l'Afrique, depuis Tripoli jusqu'au Maroc. Elles sont de grosseur et de qualité supérieures, parfaitement conservées.

La culture de l'olivier, dont la plantation, dit-on, remonte au temps des Romains, s'est accrue depuis l'occupation des Espagnols, sous Charles-Quint. Ils couvrent encore de leurs rameaux diverses provinces et forment en grande partie la richesse du pays. Ce sont les villes de Monastier, Médir (ancienne Afrique des Romains), Sousso, Soliman, Bizerte et Thourba, qui en cultivent le plus grand nombre.

Les *Nopals* ou figues de Barbarie, le *Caroubier* et quelques fruits y sont aussi recherchés, mais par les habitants seulement.

Etats-Unis. — Outre les arbres fruitiers indigènes, l'Amérique du Nord cultive un très-grand nombre d'arbres fruitiers qu'elle fait venir des divers établissements d'arboriculture de l'Europe, et surtout des pépinières de France, qui en envoient chaque année plusieurs centaines de milliers.

Les poiriers, pommiers, pruniers, pêchers, coignassiers, sont des espèces qui se demandent par mille. On fait venir aussi de la France un grand nombre de sujets pour servir à greffer et à propager les espèces les plus méritantes. Les groseilliers et les berberis (épine-vinette) sont cultivés pour l'acidité de leurs fruits.

On possède aux États-Unis plusieurs espèces de vignes qui diffèrent de celles que nous possédons; les fruits même n'ont pas le goût ni la qualité des nôtres. On cultive cependant en France, dans quelques jardins, une variété américaine sous le nom de vigne Isabelle, à large et épais feuillage, dont la face inférieure de la feuille est duveteuse et blanchâtre. Ses fruits sont ronds, de grosseur moyenne, à peau noire, dure et légèrement saupoudrée de blanc. Le goût de ce raisin tient un peu de celui de la framboise et de l'ananas, mais ne plaît pas généralement.

On a obtenu par la voie des semis un assez grand nombre de variétés de fruits; mais il en est peu qui soient supérieures aux fruits de l'Europe. Les pommes, par exemple, sont souvent d'un très-fort volume, mais elles manquent de sucre et d'acidité. Les plantes légumineuses de *toute* sorte y sont généralement cultivées, les asperges, les pois, fèves, haricots, piments, choux, etc., sans compter beaucoup de plantes de la famille des cucurbitacées, les courges, les concombres et surtout les melons de la Caroline, à chair verte, ainsi que d'autres variétés, puis la chayotte et les melons d'eau.

Canada et Nouvelle-Écosse. — Les arbres fruitiers de diverses espèces sont cultivés en très-grand nombre dans ces provinces. Outre les fruits exotiques qui y ont été importés ou qui y croissent spontanément, les pommiers, les poiriers, les pêchers, la vigne, y sont très-multipliés, et, par le moyen des semis, on a obtenu beaucoup de variétés, dont quelques-unes assez méritantes sont introduites chaque année dans les vergers de l'Europe.

Les pruniers, par exemple, ont produit d'excellents fruits qui ont enrichi la pomologie et dont on fait de très-bons pruneaux.

Les grands établissements de pépiniéristes de France, tels que ceux de Vitry, Angers, Nantes, Tours, Tarascon, Metz, Nancy, etc., envoient chaque année plusieurs milliers de jeunes arbres fruitiers âgés de un, deux et trois ans. C'est un très-grand commerce pour la France, qui a commencé vers 1826, mais qui s'est surtout développé d'une manière très-remarquable après 1830.

Les arbres dont on a obtenu le plus de variétés sont les pommiers. Les fruits de la plupart d'entre eux sont généralement de bonne qualité ; mais il en est de très-gros qui ont de l'apparence et qui sont de qualité très-inférieure.

Il en est de même des variétés de vignes ; elles ne ressemblent, pour le plus grand nombre, à aucune de celles de nos vignobles et de nos jardins ; ce sont des types tout spéciaux à ces localités.

Les pêchers y sont cultivés avec succès, et le nombre des variétés qui y ont été obtenues a beaucoup enrichi les jardins de l'Europe.

Les légumes sont les mêmes que ceux cultivés en Europe. Les pommes de terre y sont très-bonnes et nombreuses en variétés ; le melon à chair verte, les concombres, la chayotte et plusieurs autres cucurbitacées y sont très-recherchés.

Chine. — En Chine on cultive comme arbre fruitier le *kaki*, espèce d'arbre du genre plaqueminier (*Diospyros kaki*), l'ériobotrya japonica, nommé vulgairement bibacier ou néflier du Japon ; plusieurs espèces d'orangers, toutes spéciales à la localité, dont quelques-unes, sous le nom de mandarines, sont très-recherchées pour leur bon goût et la finesse de leur chair. Puis un grand nombre de tubercules, dont un, sous le nom d'igname de Chine, est déjà très-répandu dans nos jardins potagers comme plante alimentaire, pour la qualité de sa fécule.

Ces mêmes plantes économiques se trouvent également dans les jardins du Japon.

Comme légumes particuliers au pays, on cultive le *cytissus cajan*, le *pois merveille* (*Cadiospermum halicacabum*), le chou pet-saie, etc. Les autres plantes potagères sont pour la plupart celles que l'on cultive en Europe.

Paris.-Imp. PAUL DUPONT, 45, rue de Grenelle-Saint-Honoré.

www.ingramcontent.com/pod-product-compliance
Ingram Content Group UK Ltd.
Pitfield, Milton Keynes, MK11 3LW, UK
UKHW021202140726
13695UKWH00005B/2291